Am Ende des Buches gibt es außerdem Fotos von Tierspuren im Winter.

Ute Pietratus

Natur erleben im Winter

KOSMOS

Inhalt

Die
VIERTE
Jahreszeit

Nix wie raus in den Winter

Lacht heute die Sonne bei klirrender Kälte am blauen Winterhimmel? Tanzen schon Schneeflocken durch die Luft? In keiner anderen Jahreszeit verzaubert uns die Natur mit solch wechselnden Erscheinungsbildern. Frost und Wasser schaffen Kunstwerke wie Raureif, Schnee und Eis.

Beim näheren Hinschauen sind die kleinen Winterwunder besonders faszinierend. Jede Schneeflocke, jeder Eiszapfen ist einzigartig.

Im Winter breitet sich eine friedvolle Stille über das Land. Unter der weißen Schneedecke halten Pflanzen Winterruhe und sammeln Kraft für das nächste Frühjahr.

Auf Ihren Erlebnistouren begegnen Sie winteraktiven Tieren oder deren Spuren, die der widrigen Witterung trotzen. Im Januar findet man schon bunte, duftende Winterblüher. Und die Bäume zeigen ihre vielfältige Gestalt, die sonst unter dem Blätterkleid verborgen ist.

Rausgehen tut auch bei frostigen Temperaturen Leib und Seele gut. Viel Spaß beim Abenteuer Winter!

Richtig ausgerüstet

Für eisige Minusgrade gibt es die entsprechende Kombination wärmender Kleidungsstücke:

- lange Unterwäsche (aus Wolle oder Seide)
- Hemd
- Fleece-Pulli
- wetterfeste Winterjacke
- eventuell auch Wetterschutz für die Beine
- Schal, Mütze und wasserdichte Handschuhe

SCHON GEWUSST?

Mehrere lockere Schichten übereinander (Zwiebel-Prinzip) wärmen besser als ein dickes Kleidungsstück. Die Luft zwischen den Kleidungsstücken isoliert zusätzlich.

Der Kernbeißer ist immer richtig ausgerüstet. Mit seinem kräftigen Schnabel knackt er die dicksten Kerne.

Winterforscher brauchen auch:
- Fettcreme auf Gesicht und Lippen (wenn es richtig frostig ist)
- Fernglas (Vogelbeobachtung)
- Lupe (Schneekristalle und Knospen), Taschenmesser
- Baumwolltasche (z. B. zum Zapfen- sammeln)

Eine Stärkung wirkt Wunder und gehört mit in den Rucksack:
- Thermoskanne mit heißem Tee
- Proviant (z. B. Müsliriegel)

SCHON GEWUSST?

Jeder kennt das Geräusch, wenn bei Minusgraden der Schnee unter den Winterstiefeln knirscht. Verursacht wird es von Schneekristallen, die unter unserem Gewicht auseinanderbrechen.

Wie **WILD**TIERE überwintern

SCHON GEWUSST?

Greifvögel wie der Mäusebussard haben es im Winter schwer, denn die Beute ist rar und unter der Schneedecke gut versteckt.

Überlebenskünstler

Für die heimische Tierwelt wird das Leben schwieriger, wenn Kälte herrscht und es an Nahrung mangelt. Alle Tiere müssen Energie sparen und haben dazu verschiedene Überlebensstrategien entwickelt:

- dickes Fettpolster als Nährstoffspeicher und Isolationsschicht
- dichteres und längeres Winterfell
- Rückzug: Winteraktive Tiere ziehen sich bei eisiger Kälte an windgeschützte Stellen zurück
- Winterruhe: ungemütliche Wetterlagen werden verschlafen (siehe S. 12)
- Winterschlaf: Körpertemperatur, Herzschlag und Atmung werden reduziert (siehe S. 24)
- Kältestarre: Tiere ohne schützendes Fell oder Gefieder wie Fische (siehe S. 36), Frösche, Schnecken, manche Insekten (siehe S. 25) suchen frostsicheres Versteck auf
- Zugvögel und Wanderschmetterlinge (siehe S. 27) fliegen in den Süden

Am besten ist den Tieren geholfen, die kalte Jahreszeit zu überstehen, wenn wir sie nicht stören.

Jetzt ist die ideale Zeit, um sich auf Spurensuche zu begeben. Schnee und Matsch machen jeden Fußabdruck sichtbar (siehe S. 18). Auch Fraßspuren (siehe S. 14), Nester (siehe S. 16) oder Baue sind im Winter hervorragend ausfindig zu machen.

SCHON GEWUSST?

Der Eichhörnchenschwanz dient bei Kälte als Kuscheldecke. Er ist außerdem Balancierstange beim Klettern, Steuer beim Springen, Fallschirm und Kommunikationsmittel.

Eichhörnchen im Winterfell mit wärmenden langen Ohrpinseln.

Aufgeweckte Eichhörnchen

An schönen Wintertagen rasen diese flinken Kletterer Baumstämme hinauf- und hinunter. Das eifrige Hörnchen läuft seine im Herbst in Baumhöhlen und im Erdboden angelegten Vorratslager ab. Mit seiner feinen Spürnase erschnuppert es seine Nussverstecke. Satt verkriecht sich der putzige Nager wieder in seinen Kobel, einem Kugelnest aus Zweigen in den Baumwipfeln. Hinter dem geschlossenen Kobeleingang verschläft es ungemütliche Wintertage.

Munter bei Minusgraden

Von wegen im Winter ist im Tierreich nichts los …

Neugeborener Frischling auf seinem ersten Erkundungsgang

- Jetzt ist die Paarungszeit der Wildschweine und Füchse. Wildscheine bringen bereits im frostigen Februar Frischlinge zur Welt. Ab März werden Fuchswelpen geboren.
- In der Morgen- und Abenddämmerung können Sie Rehe und Rothirsche am Waldrand, auf Lichtungen und auf Feldern gut beobachten. Sie werden auch „Leckerbissenräuber" genannt, weil sie Triebe und Knospen anknabbern.

Ein Reh verharrt regungslos an windgeschützter Stelle.

Der Buntspecht frisst im Winter Fichten- und Kiefernzapfen, im Sommer bevorzugt er Insekten.

Knusper, Knusper, Knäuschen

Wer knuspert an den Zapfen?
Welches Tier hier die energiereichen Samen aus den Zapfen geholt hat, lässt sich leicht herausfinden.

● **Eichhörnchen**
Fransiger Zapfenstiel mit Schuppenschopf und herumliegende Schuppen

● **Mäuse**
Gleichmäßig mit Zähnchen abgenagte Schuppen

● **Fichtenkreuzschnabel**
Alle Schuppen sind der Länge nach aufgespalten

● **Buntspecht**
Zerzaust- zerhackter Zapfen mit abstehenden Schuppen

Eine Spechtschmiede: Eingeklemmter Zapfen in Rindenspalte

TIPP FÜR KIDS

Versucht selbst einen Fichtenzapfen auseinanderzunehmen, um an den begehrten Knabbersnack zu gelangen. Gar nicht so einfach, oder?

Hier war ein Eichhörnchen am Werk.

Einladung zur Hausbesichtigung

Lage: Baumhäuser in luftiger Höhe oder in attraktiven Hecken, im Winter mit Fernblick und im Sommer mitten im Grünen, mit und ohne Dach, unterschiedlichste Baumaterialien und Ausstattung (von einfach bis sehr stabil und kunstvoll).

Besichtigungstermin: November bis März. Danach sind die Wohnobjekte schlecht zugänglich im Blattwerk verborgen. Außerdem ist ab April Brutsaison (in neu gebauten Nestern) und keine Besichtigung mehr möglich.

TIPP FÜR KIDS

Jetzt seid ihr die Nestbaumeister: Zuerst Baumaterialien sammeln und dann ein napfförmiges Nest anfertigen. Sieht euer Nest aus wie das der Vögel?

Das stabile, napfförmige Amselnest ist mit Halmen ausgepolstert.

Die gesellige Saatkrähe brütet in großen Kolonien. Verlassene Nester werden von Turmfalken oder Waldohreulen bewohnt.

Die Vorbesitzer und ihre Nestbauweise: Amseln verkleben Gräser und Wurzeln mit feuchter Erde. Heckenbraunellen fertigen Moosnester, Singdrosseln verbauen vornehmlich Gras und Laub, Zaunkönige bauen kugelige Moosnester und Buchfinken arbeiten sehr gewissenhaft mit verschiedenen Materialien (Moos, Gras, Wurzeln, Rinde, Federn, Flechten und Spinnweben). Elstern bauen hoch in den Bäumen ein großes, überdachtes Reisignest.

Wer lief denn da?

Es hat geschneit – nix wie raus und nach Tierspuren schauen. Ob in Garten, Park, Wald oder Feld, der Neuschnee macht Spazierwege vieler Tiere sichtbar. Was verrät der Abdruck über Täter und Motiv? Geübte Spurenleser wissen anhand der Schneeabdrücke nicht nur, welche Tierart es ist, sondern auch wie alt das Individuum ist und welches Geschlecht es hat. Hat das Tier hier verweilt? War es auf Futtersuche? Oder wurde es verfolgt und flüchtete? Sie werden staunen, was Sie aus den Tierspuren alles herauslesen können.

TIPP FÜR KIDS

Macht mit euren Füßen oder euren Händen eigene Spuren im Schnee. Rennt, hüpft, geht vorwärts, rückwärts und seitwärts. Sicher fällt euch noch mehr ein.

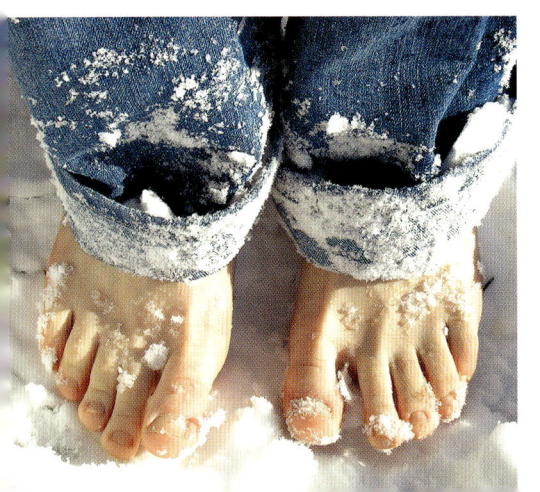

Wer ganz mutig ist, traut sich kurz barfuss in den Schnee.

Den einzelnen Abdruck von Pfote oder Huf nennt man „Trittsiegel". Die Aneinanderreihung der Trittsiegel ergibt die Spur, beim Schalenwild (z. B. Reh) auch „Fährte".

Sind Tiere im Schritttempo unterwegs, setzen sie die Hinterfüße mehr oder weniger genau in die Tritte der Vorderfüße. Auf der Flucht dagegen treffen ihre Hinterfüße vor den Vorderfüßen auf.

● **Amsel**   ● **Maus**

Hüpft oder läuft auf kleinen Pfoten zum nächsten Mauseloch. Schwanz hinterlässt Schleifspur.

Zarte Trittsiegel mit vier Zehen, davon eine nach hinten gerichtet. Liegen die Abdrücke nebeneinander, hüpfte der Vogel.

● Feldhase

● Eichhörnchen

Längere Hinter-
läufe vor kürzeren
Vorderläufen. Alle vier
Pfoten ergeben den
unverwechselbaren
Hasensprung.

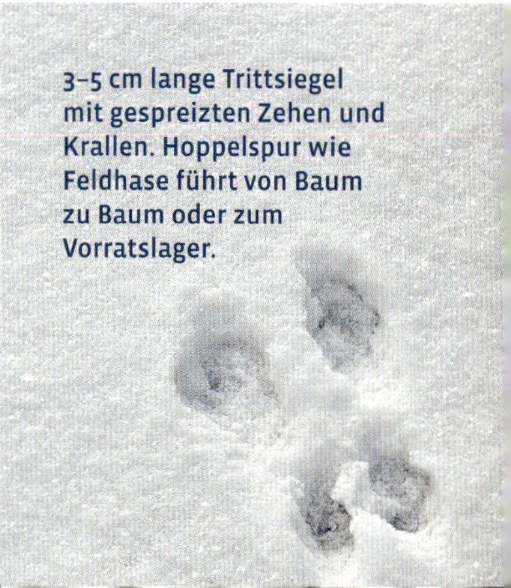

3–5 cm lange Trittsiegel
mit gespreizten Zehen und
Krallen. Hoppelspur wie
Feldhase führt von Baum
zu Baum oder zum
Vorratslager.

Die Fährten und Spuren dieser heimlichen Vertreter können Sie mit ein wenig Glück im Wald aufspüren. An einem Wildwechsel stehen die Chancen auf Entdeckungen am besten.

● Wildschwein

● Fuchs

Ovale Trittsiegel, ca. 5 cm lang, mit deutlich abgedrückten Krallen, etwas schmaler als beim Hund.

Trittsiegel mit großen und kleinen Klauen (Afterklauen), im Tiefschnee geht die Wildschweinrotte im Gänsemarsch.

● Reh

● Rothirsch

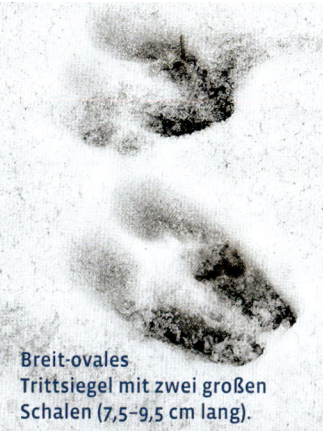

Trittsiegel zeigt zwei kleine Schalen (Zehen mit Hufen). Mit 4–5 cm Länge kleinstes Trittsiegel unter den Huftieren.

Breit-ovales Trittsiegel mit zwei großen Schalen (7,5–9,5 cm lang).

Unsere Langschläfer

Die Tage werden kürzer und das Fettpolster ist dick genug. Jetzt wird es Zeit für die Winterschläfer, ein kuscheliges Plätzchen aufzusuchen und dort bis in den Frühling hinein zu schlummern. Bei dieser genialen Überlebensstrategie werden Körpertemperatur, Herzschlag und Atmung radikal reduziert und somit der Energieverbrauch drastisch gesenkt.

Einigeln für den Winterschlaf: So eingerollt verschläft der Igel die kalte Jahreszeit.

● **Igel**
fünf bis sechs Monate als Stachelkugel in Laubhaufen

● **Siebenschläfer**
schläft sieben Monate in Baumhöhlen

● **Haselmaus**
träumt sieben Monate im Kugelnest oder Erdloch

SCHON GEWUSST?

Der Igel atmet während des Winterschlafes nur 3–4 Mal pro Minute, sein Herz schlägt nur 2–12 Mal pro Minute und die Körpertemperatur sinkt auf unter 10 °C ab.

● **Insekten und andere Krabbler**

Sie verkriechen sich in den unterschiedlichsten
Schlupfwinkeln und überdauern dort die kalte
Jahreszeit regungslos in Kältestarre. Unter
loser Rinde alter und abgestorbener Bäume
verweilt regungslos in Kältestarre der prächtige
Goldglänzende Laufkäfer. Dort findet man auch
verschiedene Bockkäfer (sehr lange, meist nach
hinten gebogene Fühler erinnern an Steinbock).
Unter Falllaub verkriechen sich Ohrwürmer,
Hundertfüßer und Asseln. Hohle Stängel von
Doldengewächsen, Disteln oder Brennnesseln
werden z. B. von Spinnen, Schwebfliegenlarven
und Rüsselkäfern als Winterquartier genutzt.
Auch Krabbeltiere nicht wecken: Erwachen diese
vorzeitig, verbrauchen sie viel Energie und sterben.

**Der schimmernde
Moschusbock mit
seinen körperlangen
Fühlern gehört zur
Familie der Bockkäfer.**

Schmetterlingsstrategien

Schmetterlinge verfügen über bemerkenswert vielfältige Überwinterungsstrategien.

● **Überwintern als Falter**
Tagfalter wie der Kleine Fuchs und das Tagpfauenauge bleiben in geschützten Verstecken (hohle Bäume, Tierbauten). Ab Februar flattern sie wieder bunt durch die Welt.

Der Zitronenfalter hält als einziger Schmetterling in Mitteleuropa seine Winterruhe ungeschützt als Falter.

SCHON GEWUSST?

Ein Kältekünstler ist der Zitronenfalter: Er überwintert im Freien, dicht über dem Boden an Blättern immergrüner Pflanzen (Brombeere, Efeu). Die erhöhte Zellsaftkonzentration des Falters wirkt wie ein Frostschutzmittel.

Raupe und Puppe des Admirals. Die Raupe ernährt sich ausschließlich von Brennnesseln.

● **Überwintern als Ei, Raupe oder Puppe**
Die meisten Schmetterlingsarten sind deshalb erst später im Jahr zu sehen.

● **Als Wanderfalter unterwegs**
Sie sind die Extremsportler unter den Schmetterlingen. Der Distelfalter z. B. verbringt den Winter in Afrika. Im März erreicht eine erste Wanderwelle das Mittelmeergebiet. Ab Mai ist er auch wieder bei uns anzutreffen.

Die imposante Ringeltaube ist als Körnerfresser spezialisiert auf vegetarische Kost.

FUTTERTIPP

Je abwechslungsreicher das Futterangebot und die Darreichungsform (hängende Meisenknödel, Futterspender und Bodenfutter), desto höher die Besucherzahl. Wenn Sie Körnermischungen (mit kleinen und großen Samen), Erdnüsse und Fettfutter anbieten, ist für jeden Geschmack etwas dabei.

Winterzeit ist Vogel-Fütter-Zeit

Bei Frost und Schnee finden sich die Vögel dort ein, wo es noch etwas Essbares gibt. Eine Futterstelle oder Wildsträucher mit Beeren im Garten sind der Treffpunkt vieler Arten.

Die hungrigen Futtergäste lassen sich dabei aus nächster Nähe beobachten. Beim geschäftigen Treiben am Futterplatz können Sie arttypische Verhaltensweisen studieren:
Kohl- und Blaumeise, Kleiber und Gimpel sind gute Kletterer. Rotkehlchen, Buchfink, Zaunkönig, Ringeltaube und Amsel suchen ihr Futter am Boden (vgl. Haag, Vögel füttern im Winter, KOSMOS).

Vielleicht versteckt sich unter den gefiederten Besuchern auch ein Gast. Bergfink und Wacholderdrossel verbringen wegen des besseren Nahrungsangebotes ihren Winterurlaub bei uns, brüten aber in Skandinavien. Weitere Wintergäste: Seidenschwanz, Schnatterente, Pfeifente, Krickente, Saatgans oder Blässgans.

Blässgänse sind bei uns regelmäßige Wintergäste und Durchzügler.

WINTERSPASS
für alle

Stilles Genießen und Abenteuer

Traumhafte Spaziergänge durch stille Natur oder eisiges Schneevergnügen bei Spielen: Wonach steht Ihnen der Sinn?

Erleben Sie die wundersame Ruhe des Winters, wenn der Schnee alles in dämpfende Watte packt und Wasser, zu Eis gefroren, in seiner Bewegung innehält. Diese Stille lädt dazu ein, Atem zu schöpfen und den Alltag hinter sich zu lassen.
Nehmen Sie einmal einen Schneekristall unter die Lupe (siehe S. 32). Bewundern Sie den strahlenden Wintersternenhimmel (siehe S. 42). Frühaufsteher können sehen, wie morgendlicher Raureif Äste und Gräser mit Nadelkristallen verziert oder Pulverschnee alles einzuckert. In ein paar Stunden sind die Kunstwerke aus Eiskristall vielleicht weggetaut.

Abenteurer stürzen sich von Kopf bis Fuß ins weiße Vergnügen. Für aktive Familien hält der Winter zahlreiche Spielideen bereit (siehe S. 38/39), die den Kreislauf in Schwung bringen.

TIPP FÜR KIDS

Selbst Pulverschnee wird formbar, wenn du etwas Wasser dazugibst. Jetzt kannst du bauen, was dir einfällt: Tiere, Fahrzeuge oder Möbel.

SCHON GEWUSST?

Die Eiskristalle reflektieren und brechen das Licht millionenfach. Deshalb sieht der Schnee für uns weiß aus, obwohl er durchsichtig ist.

Schneeflöckchen, Weißröckchen,

wann kommst du geschneit?
Du wohnst in den Wolken, dein Weg ist so weit.
Schneeflocken bilden sich in den Wolken, wenn feine Wassertröpfchen weit unter dem Gefrierpunkt an Staubteilchen gefrieren. Die winzigen Eiskristalle sind weniger als 0,1 mm groß. Sie wachsen, wenn auf ihrem Weg durch die verschiedenen Luftschichten Wasserdampf auf ihnen

gefriert. Die Schneeflocke, die zu Boden fällt, ist dann eine Ansammlung vieler Schneekristalle. Jede Flocke wird individuell durch Temperatur und Luftfeuchtigkeit geformt, deshalb gibt es keine Flocke zweimal!

TIPP FÜR KIDS

Ihr seid Schneeflockenforscher: Zieht dunkle Kleidung an, darauf kann man die Schneeflocken besonders gut erkennen. Betrachtet die Eiskristalle mit einer Lupe. Wie viele Ecken hat eine Schneeflocke?

Adler, Libelle oder Fledermaus? Wie sieht der Schneeabdruck aus?

Von Pulver bis Pappe

Im Deutschen gibt es übrigens viele Wörter für Schnee: Neuschnee, Pulverschnee, Tiefschnee, Harsch (vereister Schnee), Pappschnee, Griesel (wiederholt gefrorener, körniger Schnee) und Firn (vorjähriger Schnee). Kennen Sie noch andere Begriffe?
Es ist aber ein weitverbreiteter Irrtum, dass Inuit hundert Wörter für Schnee haben. Inuit sind ein großes Eskimo-Volk, das in Kanada lebt. Ein ganzer Satz im Deutschen („Der Schnee, der vor einer Woche gefallen ist.") wird in der Sprache der Inuit nur einfach zu einem einzigen langen Wort zusammengefasst.

Inuitspiel „Bärenjagd"

Spielen Sie mit Ihren Kindern Fangen wie die Inuit. Die Handschuhe sind mit einem langen Band zusammengebunden und hängen aus den Ärmeln heraus. Kleinkinder bei uns tragen das so, damit die Handschuhe nicht verloren gehen. Es gibt Bärenjäger und Bären. Wird ein Bär von einem Bärenjäger mit einem baumelnden Handschuh berührt, ist der Bär gefangen.

Ab durch den frischen Tiefschnee!

TIPP FÜR KIDS

Indianer schleckten ein Eis aus Schnee und Ahornsirup. Ein wenig sauberen Schnee könnt ihr ruhig mal probieren.

Gefrorene Seen

Nach tagelangem starken Frost hat der See eine dicke
Eisschicht bekommen. Ist das Gewässer offiziell frei-
gegeben, ist ein erster Erkundungsgang auf dem zuge-
frorenen See möglich. Wie hört sich das Eis unter den
Füßen an? Was ist alles in der Eisschicht eingeschlossen?
Sicher entdecken Sie Luftblasen, Pflanzenteile und
Muster. Fische sind nicht sichtbar, denn diese verharren
in Kältestarre an tiefen Stellen am Seegrund. Ihre
Körpertemperatur passt sich an die dort konstante
Wassertemperatur von vier Grad an.

Still und starr ruht der See unter dem Eis.

Das Reiherenten-Männchen trägt im Prachtkleid einen langen Federschopf.

SCHON GEWUSST?

Enten haben immer kalte Füße. Deshalb können sie nicht anfrieren. Ihre Blutgefäße funktionieren wie ein natürlicher Wärmetauscher: Nur kaltes Blut fließt in die Füße und wird beim Zurückfließen wieder aufgeheizt.

Achten Sie auf Enten und Gänse, die schon für die bevorstehende Brutzeit ihr bunt gefärbtes Prachtkleid tragen. Sind auch Wintergäste wie Krickente, Tafelente oder Reiherente dabei? Diese Arten tummeln sich ausschließlich im Winter an unseren Seen.

Schnee macht munter! Bevor es losgeht, reiben Sie sich Ihr Gesicht mit frischem Schnee ein. Das weckt alle Lebensgeister.

● Flocken-Fangen

● Tierpantomime

In dichtem Schneegestöber dicke Flocken mit Händen und der Zunge fangen. Wer erwischt die meisten oder wirbelt selbst herum wie eine Schneeflocke?

Wie ein winteraktives Tier über den Schnee laufen und die eigenen Fußspuren mit der Fährte des Tieres vergleichen.

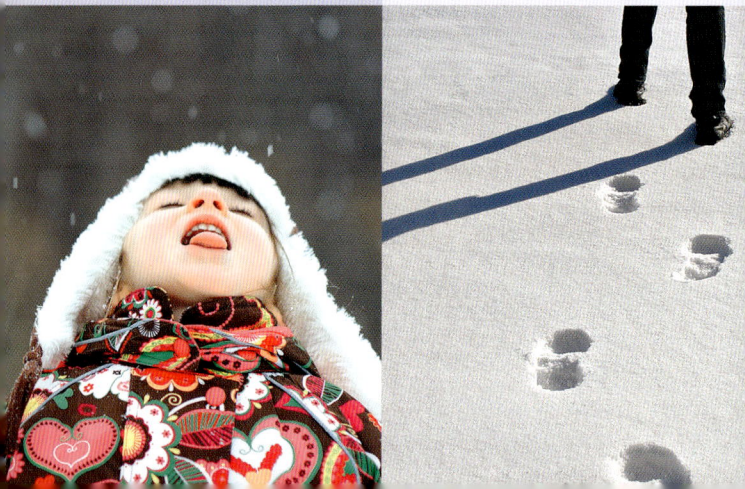

Frostige Gartendeko

Sandförmchen mit Schnee und Wasser füllen und ein buntes Band zum Aufhängen dazulegen. Gefrieren lassen und gut sichtbar ins Geäst hängen.

Eis-Xylophon

Aus verschieden langen Eiszapfen oder Eisstücken ein Xylophon bauen. Ein kleiner Stock dient als Schlägel. Jeder Eiszapfen klingt anders!

Wolken selber machen

Beim Ausatmen in kalte Luft bildet sich ein kleiner Nebel vor dem Mund. Es ist warme, feuchte Luft aus dem Körper, die plötzlich auf kalte Luft trifft, welche die Feuchtigkeit nicht aufnehmen kann. Deshalb bilden sich winzige Wassertröpfchen. Es entsteht eine echte Mini-Wolke!

Zapfensammlung

Bringen Sie sich von Ihren Streifzügen durch die Natur verschiedene Zapfen für eine dekorative Sammlung mit, die jetzt unter den Bäumen zu finden sind.

SCHON GEWUSST?

Tannenzapfen kann man nicht sammeln. Im Herbst, wenn die Samen reif sind, fallen die Schuppen herunter und die geflügelten Samen werden mit dem Wind verbreitet.

Die Zapfen der Wald-Kiefer reifen zwei Jahre. Bei Trockenheit öffnen sie sich und entlassen geflügelte Samen.

Pyramidenförmige Wald-Kieferzapfen, Douglasienzapfen mit dreizackiger Deckschuppe, an Bratwürstchen erinnernde Fichtenzapfen oder hellbraune Lärchen-zapfen aufgereiht auf einem Ästchen – unsere einheimischen Nadelhölzer haben einiges zu bieten. Möchten Sie Ihre Sammlung mit Exoten bereichern, werden Sie im Park fündig.

Der Orion ist das schönste Wintersternbild.

Gestatten, Sirius

In langen Winternächten, wenn in der trockenen kalten Luft die Sterne besonders strahlen, gibt es am Himmel zahlreiche Sternbilder zu bewundern.

Das auffälligste Wintersternbild ist der Himmelsjäger Orion. Im Süden leuchten drei helle Sterne in einer schrägen Linie – der Gürtel des Jägers. Oberhalb erkennt man die linke und rechte Schulter des Orion. Unterhalb finden Sie Knie- und Fußstern. Im Schwert des Orion befindet sich der Orion-Nebel. In diesem leuchtenden Gasnebel werden gerade neue Sterne geboren.

Wenn Sie die Linie der drei Gürtelsterne des Orion nach links unten verlängern, landen Sie beim hellsten Stern des Himmels. Sirius leuchtet bläulich weiß und funkelt. Haben Sie Lust bekommen auf eine galaktische Reise zu den Sternen? Mit einer Sternenkarte für die Wintermonate können Sie sich schnell und einfach am Nachthimmel orientieren.

Der Grund für das Funkeln der Sterne sind Dichteschwankungen der Atmosphäre. Je kleiner und je weiter entfernt ein Stern ist, desto weniger Strahlen kommen bei uns an. Werden die wenigen Strahlen durch Dichteschwankungen abgelenkt, sehen wir den Stern funkeln.

Sirius ist der hellste Stern am Nachthimmel. Er steht im Süden nahe des Horizontes.

PFLANZEN
im
Winter

Kräfte sammeln für den Frühling

In der kalten Jahreszeit scheint die Pflanzenwelt in einen Tiefschlaf zu fallen. Die Bäume haben ihre Blätter abgeworfen und wachsen nicht mehr (siehe S. 54). Ihre Stoffwechselaktivität ist jetzt minimal.

Die vielen krautigen Pflanzen überwintern als Samen, Wurzelstock, Knolle oder Zwiebel im Boden. Ihre oberen Pflanzenteile sind abgestorben. Die Pflanzen brauchen diese Ruhephase, um Kräfte für den Austrieb im Frühling zu sammeln.

Es gibt jedoch auch Winterblüher (siehe S. 56/57), die sich nicht an die Winterruhe halten. Sie fallen im Winter, bei fehlender Konkurrenz anderer Blütenpflanzen, stark auf. Die ersten Insekten fliegen zielstrebig diese „Blühinseln" in der noch kahlen Landschaft an und sorgen für Bestäubung.

Für Pflanzenfreunde gibt es auch im Winter viel zu entdecken: farbenfrohe Winterblüher oder Beerensträucher, unterschiedlichste Knospen (siehe S. 48/49) und Rinden (siehe S. 50) und vieles mehr.

SCHON GEWUSST?

Bäume werfen ihre Blätter ab, weil diese von Eiskristallen zerstört werden würden. So verhindern sie einen Wasserverlust über die Blätter, wenn der Boden gefroren ist und sie kaum Wasser aufnehmen können.

Ohne Laub gut in Form

Im Winter haben wir die Gelegenheit, unsere Laubbäume ohne ihr Blätterkleid zu bewundern.
Vor allem ältere und frei stehende Bäume haben eine charakteristische Krone entwickelt.

Bestaunen Sie Bäume einmal aus einer anderen Perspektive!

Baumformen-Vielfalt

Vergleichen Sie die Gestalt dieser Baumarten mit auffallender Kronenform.
Die **Stiel-Eiche** hat eine eigenwillige, knorrige Krone. Ihre Hauptäste stehen krumm in alle Richtungen und haben Verdickungen.
Die Krone der **Rot-Buche** ist ausladend und kuppelartig.
Die **Weiß-Birke** hat hängende Zweige und eine schmale Krone.

Unendliches Wachstum

Lassen Sie sich faszinieren vom unendlichen Wachstum der Bäume. Suchen Sie sich einen stattlichen Baum aus, stellen Sie sich an den Stamm und schauen Sie zur Krone hinauf. Betrachten Sie ganz bewusst die unzähligen Äste, die sich immer wieder verzweigen, bis sie zu winzigen Ästchen werden.

Der dicke Stamm dieser Rot-Buche erinnert an ein Elefantenbein.

In den Winterknospen warten, eng zusammengefaltet, Blätter- oder Blütenblätter auf ihren großen Auftritt im Frühling. Knospenschuppen packen die Knospe ein wie eine warme, wasserabweisende Winterjacke.

● Rot-Buche

schlanke, spitze Knospen, die keck abstehen

● Rosskastanie

klebrige, glänzend rotbraune Knospen

● Berg-Ahorn

sattgrüne Knospenschuppen mit braunem Rand

Esche

auffällige schwarze, runde Knospen

Stiel-Eiche

ovale, schwach kantige Knospen

Weide

Knospen sind eng an den Zweig geschmiegt

Die weiße Rinde der Weiß-Birke löst sich mit der Zeit ab und wird durch schwärzliche Borke ersetzt.

Rund um die Rinde

Jede Rinde hat eine für die Baumart charakteristische Struktur und Farbe. Besonders typisch ist die Borke alter Bäume ausgebildet.

Die **Rot-Buche**, unseren häufigsten Laubbaum, erkennen Sie an der glatten, silbergrauen Borke. (Die Stämme erinnern an riesige Elefantenbeine.) Die **Hainbuche** hat eine glatte Borke mit elegantem silbrigem längs gestreiftem Netzmuster. Ebenfalls sehr charakteristisch ist die dicke, rissige Borke der **Stiel-Eiche**. Eine Schuppenborke, die beim Abblättern orange-braune Partien freigibt, zeichnet den **Berg-Ahorn** aus. Die **Weiß-Birke** leuchtet mit ihrem auffälligen Zebramuster (Borke in Schwarz-Weiß) aus jedem Wald heraus.

Rindenbilder

Nehmen Sie den „Fingerabdruck" eines Baumes. Dazu ein Stück Papier auf die Rinde legen und mit Wachsmalkreide, die Sie quer nehmen, darüberreiben, bis das ganz eigene Rindenmuster „Ihres" Baumes sichtbar wird.

TIPP FÜR KIDS

Habt ihr schon bemerkt, dass die Rinde der Rot-Buche „Augen" hat? Hier waren einmal Äste, die der Baum beim Wachsen abwarf. Übrig bleibt eine runde Astnarbe, die an ein Auge erinnert.

Zwei junge Rindenmaler sind mit Begeisterung am Werk.

Nadeln, die nicht stechen

Nadelbäume lassen sich auch
durch Fühlen und Riechen an
den Zweigen erkennen.
Die Nadelblätter der **Fichte**
sind vierkantig, starr und
spitz. Wenn Sie die Nadeln
abzupfen, fühlt sich das
Ästchen raspelig rau an.
Die **Weiß-Tanne** dagegen
hat flache, biegsame Nadeln
mit stumpfer, eingekerbter
Spitze. Ein Tannenästchen
ohne Nadeln fühlt sich angenehm glatt an.
Die Nadeln der **Douglasie**
sind weich, biegsam und
duften beim Zerreiben
angenehm nach
Zitrone.

TIPP FÜR KIDS

Hängt
einen Kiefern- oder
Fichtenzapfen vor euer
Fenster, der euch verrät,
wie das Wetter wird! Ist der
Zapfen geschlossen, ist die
Luftfeuchtigkeit hoch und
es kann regnen. Ist der
Zapfen geöffnet, bleibt
das Wetter schön.

Tannenwipfel-Salz

Fichten- und Tannennadeln sind in der Küche vielseitig verwendbar. Stellen Sie sich z. B. grünes Tannenwipfel-Salz her, indem Sie Nadelblätter mit einer Schere vom Ästchen entfernen, trocknen lassen, mit einem Messer kleinhacken, im Mörser zusammen mit Salz zerreiben und zum Schluss sieben. Schmeckt lecker auf Quark oder Butter.

SCHON GEWUSST?

Eine Tannennadel wird 8 bis 12 Jahre alt und eine Fichtennadel 6 bis 13 Jahre. Kein Wunder, dass Nadeln auch Dauerblätter genannt werden!

Zweig einer Weißtanne mit stumpfen, eingekerbten Nadeln.

Die Jahresringe erzählen die Geschichte eines Baumlebens.

Baumchronik

Nach der Holzernte sind auf den frisch abgesägten Stämmen die Jahresringe zu sehen. Ein Baum bildet in seiner Wachstumsphase (Frühling und Sommer) einen hellen Ring und im Herbst einen dunklen Ring. Jahresringe geben die Lebensgeschichte des Baumes preis. Zählen Sie die dunklen Ringe von außen (jüngster Ring) nach innen, und Sie wissen, wie alt der Baum geworden ist. Enge Ringe entstehen in Jahren mit schlechten Wachstumsbedingungen wie Trockenheit, Konkurrenzbäumen oder Insektenbefall.

Eisblätter

Nach einem Eisregen sind Äste und Zweige mit einer dünnen Eisschicht bedeckt und glitzern geheimnisvoll im Sonnenlicht. Pflücken Sie ein mit Eis überzogenes Blatt eines immergrünen Strauches (Brombeere, diverse Gartengehölze) und lösen Sie das Blatt vom Eis ab. Jetzt halten Sie einen filigranen Blattabdruck in der Hand. Sogar die kleinsten Blattadern sind zu erkennen.

Eichenblätter mit frostiger Glasur.

TIPP FÜR KIDS

Auf spiegelglattem Untergrund kannst du wunderbar Pinguin spielen. Mit kleinen Pinguin-Schrittchen fällst du nicht auf die Nase.

Sogar die kleinen grünen Flecken der Blütenblätter betreiben Photosynthese.

Zauberhafte Winterblüher

Jedes Jahr verblüfft uns das Schneeglöckchen aufs Neue, wenn wir mitten im Winter seine nickenden, duftenden Blüten entdecken. Dank einer Zwiebel als Wurzel, die wie ein Vorratsbehälter Reservestoffe speichert, kann das Schneeglöckchen bei den ersten Sonnenstrahlen austreiben. Die zarte Erscheinung trotzt strengen Temperaturen mit einer erhöhten Zuckerkonzentration im Zellsaft, die wie ein Frostschutzmittel wirkt.

Blühende Sträucher im Winter sind einfach ein Hingucker. Der Winterjasmin blüht mit seinen knallgelben Blüten den ganzen Winter hindurch. Bei der Zaubernuss hängen die goldgelben bis kupferroten Blüten wie Fäden an den Ästen. Die Blüten sind nicht nur zauberhaft schön und duften, der Strauch kann sie auch zum Schutz vor Eis und Schnee einrollen und bei warmer Witterung wie von Zauberhand wieder entrollen.

SCHON GEWUSST?

Viele Winterblüher duften intensiv. Mit dem Duft werden die ersten Bestäuber angelockt (z. B. Honigbienen oder Hummelköniginnen).

Die Zaubernuss blüht von Januar bis März. Die lange Blühperiode erhöht die Chance auf Bestäuber.

Nützliche Adressen

- Naturschutzbund Deutschland (NABU) e. V.
  NABU-Bundesgeschäftsstelle
  Charitéstraße 3, D-10117 Berlin
  www.NABU.de

- LBV – Landesbund für Vogelschutz in Bayern e. V.
  Eisvogelweg 1, D-91161 Hilpoltstein
  www.lbv.de

- BirdLife Österreich – Gesellschaft für Vogelkunde
  Museumsplatz 1/10/8, A-1070 Wien, Österreich
  www.birdlife.at

- Schweizer Vogelschutz SVS/BirdLife Schweiz
  Wiedingstraße 78, CH-8036 Zürich
  www.birdlife.ch

Aktionen

- Oktober: Birdwatch www.birdwatch.de

- Januar: Stunde der Wintervögel
  www.stundederwintervoegel.de

- Termine rund ums Naturjahr www.NABU.de/
  naturerleben

Bäume mobil bestimmen

www.ikosmos.org

Zum Weiterlesen

Haag, H. (2010): Vögel füttern im Winter. 64 Seiten,
KOSMOS.

Hecker, F. (2011): Kosmos Naturführer für unterwegs.
352 Seiten, KOSMOS.

Hecker, F. (2010): Welche Tierspur ist das? 125 Spuren und
wer sie hinterlässt. 140 Seiten, KOSMOS.

Oftring, B. (2011): Ab in den Wald. 88 mal den Wald entdecken und erleben. 96 Seiten, KOSMOS.

Oftring, B. (2010): Nix wie raus! 111 mal Natur entdecken
und erleben. 96 Seiten, KOSMOS.

Seip, S. (2011): Was sehe ich am Himmel? Himmelsphäno-
mene bei Tag und Nacht. 160 Seiten, KOSMOS.

Umschlaggestaltung von eStudioCalamar unter Verwendung zweier Aufnahmen von Maciej Sobczak/ fotolia.com (Umschlagvorderseite: Eichhörnchen) und von Frank Hecker/blickwinkel/Rentsch (Umschlagrückseite: Feldhase).

Mit 103 Farbfotos: Je ein Bild von .shock (S. 30), Friedhelm Adam (S. 1, 29), Alinute (S. 38), Heiko Bellmann (S. 26), Nadezhda Bololina (S. 21), Buntbarsch (S. 41), Colourfield (S. 4), Elenathewise (S. 33), Frank-Peter Funke (S. 50), gb (S. 44), Hecker/blickwinkel/Frischknecht (S. 48), Hecker/blickwinkel/Kaufung (S. 49), Martin Henschel (S. 19), hml (S. 36), Kathrin39 (S. 34), Jens Klingebiel (S. 22), Bernd Koch/ astrofoto (S. 42), lagom (S. 39), Antje Lindert-Rottke (S. 32), Miredi (S. 8), onebluelight (S. 35), Pakhnyushchyy (S. 46), pbpress (S. 23), Pentagonien (S. 55), pusti (S. 18), Anette Linnea Rasmus (S. 56), Guido Schmidt (S. 54), SchneiderStockImages (S. 57), Mario Weigand/ www.skytrip.de (S. 43), Hans Dieter Wöhrle (S. 53), Serg Zastavkin (S. 38) und zwei Bilder von Hecker/blickwinkel (S. 2, 3). 23 der Aufnahmen wurden von fotolia.com und eine Aufnahme von iStockphoto.com bereitgestellt. Alle anderen Aufnahmen stammen von Frank Hecker.

Alle Illustrationen von Walter Typografie & Grafik GmbH.

Unser gesamtes lieferbares Programm und viele weitere Informationen zu unseren Büchern, Spielen, Experimentierkästen, DVDs, Autoren und Aktivitäten finden Sie unter **www.kosmos.de**

Gedruckt auf chlorfrei gebleichtem Papier

© 2011, Franckh-Kosmos Verlags-GmbH & Co. KG, Stuttgart.
Alle Rechte vorbehalten
ISBN 978-3-440-13014-8
Redaktion: Antje Albrecht
Gestaltung und Satz: Walter Typografie & Grafik GmbH
Produktion: Markus Schärtlein und Ralf Paucke
Printed in Italy / Imprimé en Italie

FSC
www.fsc.org
MIX
Papier aus verantwortungsvollen Quellen
FSC® C015829

Stunde der **Wintervögel**

Vögel beobachten, melden und gewinnen.

Jedes Jahr Anfang Januar
www.stundederwintervoegel.de

Buntspecht
Bruthöhle im Baumstamm

Amsel
napfförmiges Nest

Eichhörnchen
Kobel in Baumkrone

Dachs
Bau mit Rutsche

Hase
Sasse im Boden

Reh
Liegeplatz am Boden